刻檀弓

或曰檀弓多附會非孔氏之徒之書也篇中有仲梁子蓋七國人嘗讀春秋傳魯定之五年傳載仲梁懷豈亦七國人耶其不得執是而謂是書也

出於七國後明矣書詩尚矣醇則不能無疵是以仲尼刪定焉茲固成於泣麟後筆削所未逮焉者悉得而盡雅馴哉然則我與若亦既其文而已矣若夫經簡而賅旨微而

達峻如懸崕峭石捷於足電流光自是古今第一偉觀也楊用脩氏謂非扛千斛龍文鉉力未許談此豈虛言哉有宋謝疊山先生舊有批點今藹行於世邇為坊刻竄易并繆

文蔓衍之非本來矣頃從從弟子京所見謝高泉先生所校本盖舊本也兼有用脩附注援引淹博足備參稽因彙注疏集注集說諸書去其繁而存其要以著於簡端而品

題則仍謝〻舊先生丁宋之季高儀勁節昭〻天壤間斯眞能讀檀弓者安在其不雅馴哉

皇明萬曆丙辰穐九月剞劂告成鄙鏤既拙人工爲之一笑

吳興後學閔齊伋

古者死於他邦無親朋友爲之袒免仲子舍適立庶父兄不能正檀弓以爲猶無親也故爲之免以示譏免以布廣寸從項中而前交於額又卻向後而繞於髻本五世之服

何居只是何也

與夜如何其同義何也則方何居則圓

疊一句法使人悟其意

犯隱有無致方心只七字安頓得好便省幾多

方比方於親也無犯同親之恩無隱同君之義

含蓄有味

檀弓

上篇

公儀仲子之喪檀弓免焉（問句法）仲子舍其孫（包適庶）而立其子檀弓曰何居（姬）我未之前聞也（句法）趨而就子服伯子於門右曰仲子舍其孫而立其子何也伯子曰仲子亦猶行古之道也昔者文王舍伯邑考而立武王微子舍其孫腯而立衍也夫仲子亦猶行古之道也子游問諸孔子孔子曰否立孫（句法）

事親有隱而無犯（句法）左右就養無方服勤至死致（字法）喪三年事君有犯而無隱左右就養有方服勤至死方喪三年事師無犯無隱左右就養無方服勤至死心喪三年

季武子成寢杜氏之葬（才浪）在西階之下請合葬焉許之入宮而不敢哭武子曰合葬非古也自周公以來未之有改也吾許其大而不許其細何居命之哭

> 先拜賓順於事也此殷之拜頎至也先觸地無容哀戚之至此周之拜

> 只是周行四方下東西南北字便奇異

> 辭婉而慘

子上之母死而不喪門人問諸子思曰昔者子之先君子喪出母乎曰然子之不使白也喪之何也子思曰昔者吾先君子無所失道道隆則從而隆道汙則從而汙伋則安能爲伋也妻者是爲白也母不爲伋也妻者是不爲白也母故孔氏之不喪出母自子思始也

孔子曰拜而后稽顙頹乎其順也稽顙而后拜頎乎其至也三年之喪吾從其至者

孔子旣得合葬於防曰吾聞之古也墓而不墳今丘也東西南北之人也不可以弗識也於是封之崇四尺孔子先反門人後雨甚至孔子問焉曰爾來何遲也曰防墓崩孔子不應三孔子泫然流涕曰吾聞之古不脩墓

孔子哭子路於中庭有人弔者而夫子拜之旣哭進使者而問故使者曰醢之矣遂命覆醢

曾子曰朋友之墓有宿草而不哭焉

死者亡矣生者之心終其身而弗忘弗忘故有終身之憂無悔故無一朝之患

既葬曰亡

墓父墓殯殯母喪也

慎讀爲引去聲

殯引飾棺以輴葬引飾棺以柳翣此則殯引耳

是錯對法鹽鐵論舂不相杵巷不歌諺便不如此妙

堲周冶土爲甎四周於家也

祭義云夏后氏祭其闇殷人祭其陽周人祭日以朝及闇故子路與祭質明而行事則大事用日出者祭以朝之質明也斂亦如之故曰大事斂用日出

子思曰喪三日而殯凡附於身者必誠必信勿之有悔焉耳矣三月而葬凡附於棺者必誠必信勿之有悔焉耳矣喪三年以爲極亡則弗之忘矣故君子有終身之憂而無一朝之患故忌日不樂

孔子少孤不知其墓殯於五父之衢人之見之者皆以爲葬也其慎也蓋殯也問於郰曼父之母然後得合葬於防

鄰有喪舂不相里有殯不巷歌喪冠不緌

有虞氏瓦棺夏后氏堲周殷人棺槨周人牆置翣周人以殷人之棺槨葬長殤以夏后氏之堲周葬中殤下殤以有虞氏之瓦棺葬無服之殤

夏后氏尚黑大事斂用昏戎事乘驪牲用玄殷人尚白大事斂用日中戎事乘翰牲用白周人尚赤大事斂用日出戎事乘騵牲用騂

穆公之母卒使人問於曾子曰如之何對曰申

只達字含蓄
縿幕有旂以象之義
言幕衛所支覆也
衛用布幕魯用縿幕
便擬衛也魯也便精
神

簡

妙在安字傷字

僅百五十字而包括曲折有他人千言不盡者左傳國語穀梁皆載此事並觀之優劣自見

省文

婉而嚴

乘丘戰在莊十年馬驚在御不在右魯莊未卜不未縣記稱縣死而不言

也聞諸申之父曰哭泣之哀齊斬之情饘粥之食自天子達布幕衛也縿幕魯也

晉獻公將殺其世子申生公子重耳謂之曰子蓋言子之志於公乎世子曰不可君安驪姬是我傷公之心也曰然則蓋行乎世子曰不可君謂我欲弒君也天下豈有無父之國哉吾何行如之使人辭於狐突曰申生有罪不念伯氏之言也以至於死申生不敢愛其死雖然吾君老矣子少國家多難伯氏不出而圖吾君伯氏苟出而圖吾君申生受賜而死再拜稽首乃卒是以爲恭世子也

魯人有朝祥而莫歌者子路笑之夫子曰由爾責於人終無已夫三年之喪亦已久矣夫子路出夫子曰又多乎哉踰月則其善也

魯莊公及宋人戰於乘丘縣賁父御卜國爲右馬驚敗績公隊佐車授綏公曰末之卜也縣賁

卜死即其輕以見其重即其責之所不及以見其所及耳

復招魂也死傷多軍中無衣至於用矢髽以居喪不以弔皆有喪故髽而弔吉時以纚韜髮

父曰他日不敗績而今敗績是無勇也遂死之圉人浴馬有流矢在白肉公曰非其罪也遂誄之士之有誄自此始也

曾子寢疾病樂正子春坐於牀下曾元曾申坐於足童子隅坐而執燭童子曰華而睆大夫之簀與子春曰止曾子聞之瞿然曰呼曰華而睆大夫之簀與曾子曰然斯季孫之賜也我未之能易也元起易簀曾元曰夫子之病革矣不可

以變幸而至於旦請敬易之曾子曰爾之愛我也不如彼君子之愛人也以德細人之愛人也以姑息吾何求哉吾得正而斃焉斯已矣舉扶而易之反席未安而沒

始死充充如有窮既殯瞿瞿如有求而弗得既葬皇皇如有望而弗至練而慨然祥而廓然

邾婁復之以矢蓋自戰於升陘始也魯婦人之髽而弔也自敗於臺鮐始也

凶則去纚而露其髻謂之髽縚之妻孔子兄子毋太高太廣如斬衰之髽也總束髮垂爲飾

丘狐窟穴首以首向之

不言不當哭但歎其甚意在言外

南宮縚之妻之姑之喪夫子誨之髽曰爾毋從從爾爾毋扈扈爾葢榛以爲笄長尺而總八寸

孟獻子禫縣而不樂比御而不入夫子曰獻子加於人一等矣

孔子旣祥五日彈琴而不成聲十日而成笙歌

有子葢旣祥而絲屨組纓

死而不弔者三畏厭溺

子路有姊之喪可以除之矣而弗除也孔子曰何弗除也子路曰吾寡兄弟而弗忍也孔子曰先王制禮行道之人皆弗忍也子路聞之遂除之

太公封於營丘比及五世皆反葬於周君子曰樂樂其所自生禮不忘其本古之人有言曰狐死正丘首仁也

伯魚之母死期而猶哭夫子聞之曰誰與哭者門人曰鯉也夫子曰嘻其甚也伯魚聞之遂除

舜長妃娥皇次妃女英生商均次妃癸比生二女霄明燭光言合葬之事古人所無自周公始耳

用脩云業樂虡也

未暇從新未忍易舊故就庋閣所餘為奠

叔嫂無服娣姒小功故子思哭嫂妻倡踊而已隨之申祥哭妻之弟亦然無服猶且為位則小功可知矣

之。

舜葬於蒼梧之野，蓋三妃未之從也。季武子曰：周公蓋祔。（章法）

曾子之喪，浴於爨室。

大功廢業。或曰：大功誦可也。

子張病，召申祥而語（去）之曰：君子曰終，小人曰死。吾今日其庶幾乎。

曾子曰：始死之奠，其餘閣也與。

曾子曰：小功不為位也者，是委巷之禮也。子思之哭嫂也為位，婦人倡踊。（字法）申祥之哭言思也亦然。

水下流之聚處為委至此窮盡無復可去委巷猶云窮巷也

古者冠縮縫，今也衡（橫）縫。故喪冠之反吉，非古也。

曾子謂子思曰：伋，吾執親之喪也，水漿不入於口者七日。子思曰：先王之制禮也，過之者俯而就之，不至焉者跂而及之。故君子之執親之喪也，水漿不入於口者三日，杖而后能起。

韓退之云以情責情

稅者日月已過始聞其死追爲之服

攝代也

曾子曰小功不稅則是遠兄弟終無服也而可乎

伯高之喪孔氏之使者未至冉子攝束帛乘馬而將之孔子曰異哉徒使我不誠於伯高

伯高死於衛赴於孔子孔子曰吾惡乎哭諸兄弟吾哭諸廟父之友吾哭諸廟門之外師吾哭諸寢朋友吾哭諸寢門之外所知吾哭諸野於野則已疏於寢則已重夫由賜也見我吾哭諸賜氏遂命子貢爲之主曰爲爾哭也來者拜之知伯高而來者勿拜也

曾子曰喪有疾食肉飲酒必有草木之滋焉以爲薑桂之謂也

子夏喪其子而喪其明曾子弔之曰吾聞之也朋友喪明則哭之曾子哭子夏亦哭曰天乎予之無罪也曾子怒曰商女何無罪也吾與女事夫子於洙泗之間退而老於西河之上使西河

疑當讀擬比擬於夫子也後篇疑於君疑於臣易傳陰疑於陽必戰韓非子配有疑妻之妾孽有疑嫡之子庭有疑相之臣臣有疑主之寵莊子用志不分乃疑於神並作此音

之民疑女於夫子爾罪一也喪爾親使民未有聞焉爾罪二也喪爾子喪爾明爾罪三也而曰爾何無罪與子夏投其杖而拜曰吾過矣吾過矣吾離羣而索居亦已久矣

夫晝居於內問其疾可也夜居於外弔之可也是故君子非有大故不宿於外非致齊也非疾也不晝夜居於內

悲無聲淚如血之出故云人大笑則齒露微笑則不見齒

高子皐之執親之喪也泣血三年未嘗見齒君

子以爲難

衰與其不當物也寧無衰齊衰不以邊坐大功不以服勤

周書有朝服八十物七十物蓋指布之精粗當猶應也坐起必正不以邊坐

孔子之衛遇舊館人之喪入而哭之哀出使子貢說驂而賻之子貢曰於門人之喪未有所說驂說驂於舊館無乃已重乎夫子曰予鄉者入而哭之遇於一哀而出涕予惡夫涕之無從也小子行之

尚右叉手以右手在上喪尚右若陰也

劉尚書美中家有古本禮記梁木其壞下有則吾將安仗五字

孔子在衞有送葬者而夫子觀之曰善哉爲喪乎足以爲法矣小子識之子貢曰夫子何善爾也曰其往也如慕其反也如疑子貢曰豈若速反而虞乎子曰小子識之我未之能行也

顏淵之喪饋祥肉孔子出受之入彈琴而后食之

孔子與門人立拱而尚右二三子亦皆尚右孔子曰二三子之嗜學也我則有姊之喪故也二三子皆尚左

孔子蚤作負手曳杖消搖於門歌曰泰山其頹乎梁木其壞乎哲人其萎乎旣歌而入當戶而坐子貢聞之曰泰山其頹則吾將安仰梁木其壞哲人其萎則吾將安放夫子殆將病也遂趨而入夫子曰賜爾來何遲也夏后氏殯於東階之上則猶在阼也殷人殯於兩楹之間則與賓主夾之也周人殯於西階之上則猶賓之也而

牆柳衣障柩如垣牆翣以布衣木如攝攝漢之扇也披以縄維柩也崇牙旌旗飾也綢練素錦也旐之旒廣充幅長尋曰旐

褚覆棺之物大夫以上其形似幄士則無褚公明儀尊其師故特為褚不得為幄但似幕形耳蟻結畫文如蟻然往來交錯也此殷士葬之飾子張學孔子故做殷禮

天文北斗魁為首杓為末

丘也殷人也予疇昔之夜夢坐奠於兩楹之間夫明王不興而天下其孰能宗予予殆將死也蓋寢疾七日而沒

孔子之喪門人疑所服子貢曰昔者夫子之喪顏淵若喪子而無服喪子路亦然請喪夫子若喪父而無服

孔子之喪公西赤爲志焉飾棺牆置翣設披周也設崇殷也綢練設旐夏也

子張之喪公明儀爲志焉褚幕丹質蟻結於四隅殷士也

子夏問於孔子曰居父母之仇如之何夫子曰寢苫枕干不仕弗與共天下也遇諸市朝不反兵而鬬曰請問居昆弟之仇如之何曰仕弗與共國銜君命而使雖遇之不鬬曰請問居從父昆弟之仇如之何曰不爲魁主人能則執兵而陪其後

言常禮唯羣居則絰此絰而出爲聖門之隆師易治也芟治草木也

祖祖奠塡池徹奠也

但言有進無退而反柩行禮之非自見

出祖者謂主人予親之之辭多矣乎不欲深指其失也

二者雖情異善同但順禮

孔子之喪二三子皆絰而出羣居則絰出則否

易墓非古也

子路曰吾聞諸夫子喪禮與其哀不足而禮有餘也不若禮不足而哀有餘也祭禮與其敬不足而禮有餘也不若禮不足而敬有餘也

曾子弔於負夏主人既祖塡池推柩而反之降婦人而后行禮從者曰禮與曾子曰夫祖者且也且胡爲其不可以反宿也從者又問諸子游

曰禮與子游曰飯於牖下小斂於戶內大斂於阼殯於客位祖於庭葬於墓所以卽遠也故喪事有進而無退曾子聞之曰多矣乎予出祖者

曾子襲裘而弔子游裼裘而弔曾子指子游而示人曰夫夫也爲習於禮者如之何其裼裘而弔也主人既小斂袒括髮子游趨而出襲裘帶絰而入曾子曰我過矣我過矣夫夫是也

子夏既除喪而見予之琴和之而不和彈之而

家語及詩傳言子夏喪畢夫子與琴援琴而絃衎衎而樂閔子騫喪畢夫子與琴援琴而絃切切而哀

惠子立庶文子不能匡子游有朋友之道欲正而不可得故重為之服所以視其親唯親有可正之恩就臣之位所以視其臣唯臣有可正之義與檀弓之免同意

按文子名木今曰彌牟者彌牟二字反切為木而聽者若曰彌牟也

韓子所謂橫空盤硬語妥帖力排奡也

不成聲作而曰哀未忘也先王制禮而弗敢過也子張旣除喪而見予之琴和之而和彈之而成聲作而曰先王制禮不敢不至焉

司寇惠子之喪子游爲之麻衰牡麻絰文子辭曰子辱與彌牟之弟游又辱爲之服敢辭子游曰禮也文子退反哭子游趨而就諸臣之位文子又辭曰子辱與彌牟之弟游又辱爲之服又辱臨其喪敢辭子游曰固以請文子退扶適子南面而立曰子辱與彌牟之弟游又辱爲之服又辱臨其喪虎也敢不復位子游趨而就客位

將軍文子之喪旣除喪而後越人來弔主人深衣練冠待于廟垂涕洟子游觀之曰將軍文氏之子其庶幾乎亡於禮者之禮也其動也中

幼名冠字五十以伯仲死謚周道也絰也者實也掘中霤而浴毀竈以綴足及葬毀宗躐行出于大門殷道也學者行之

兩不可一在前一在後俱有章法古人片語不亂下如此

請前請爲豫定其所若狥其意實識之

嬰兒失母哭無休三字形容且畫且省

尸出戶始袒括非禮也蓋反言以喚之

卜古注云當作僕來子曰後世僕射官名用此義也或以射音夜誤矣

子柳之母死子碩請具子柳曰何以哉子碩曰請粥庶弟之母子柳曰如之何其粥人之母以葬其母也不可既葬子碩欲以賻布之餘具祭器子柳曰不可吾聞之也君子不家於喪請班諸兄弟之貧者

君子曰謀人之軍師敗則死之謀人之邦邑危則亡之

公叔文子升於瑕丘蘧伯玉從文子曰樂哉斯

丘也死則我欲葬焉蘧伯玉曰吾子樂之則瑗請前

弁人有其母死而孺子泣者孔子曰哀則哀矣而難爲繼也夫禮爲可傳也爲可繼也故哭踊有節

叔孫武叔之母死既小斂舉者出尸出戶袒且投其冠括髮子游曰知禮

扶君卜人師扶右射人師扶左君薨以是舉

謂甥與從母之夫舅之妻相爲服也非是從母之夫與舅之妻相對服注疏解誤

縱縱戒其遽而放之舒折折戒其緩而約之疾騷騷太疾鼎鼎太舒猶猶疾徐得中

從母之夫舅之妻二夫人相爲服君子未之言也或曰同爨緦

喪事欲其縱縱爾吉事欲其折折爾故喪事雖遽不陵節吉事雖止不怠故騷騷爾則野鼎鼎爾則小人君子蓋猶猶爾

喪具君子恥具一日二日而可爲也者君子弗爲也

喪服兄弟之子猶子也蓋引而進之也嫂叔之無服也蓋推而遠之也姑姊妹之薄也蓋有受我而厚之者也

食於有喪者之側未嘗飽也

曾子與客立於門側其徒趨而出曾子曰爾將何之曰吾父死將出哭於巷曰反哭於爾次曾子北面而弔焉

孔子曰之死而致死之不仁而不可爲也之死而致生之不知而不可爲也是故竹不成用瓦

不成味木不成斲琴瑟張而不平竽笙備而不和有鐘磬而無簨虡其曰明器神明之也

有子問於曾子曰問喪於夫子乎曰聞之矣喪欲速貧死欲速朽有子曰是非君子之言也曾子曰參也聞諸夫子也有子又曰是非君子之言也曾子曰參也與子游聞之有子曰然然則夫子有爲言之也曾子以斯言告於子游子游曰甚哉有子之言似夫子也昔者夫子居於宋

見桓司馬自爲石槨三年而不成夫子曰若是其靡也死不如速朽之愈也死之欲速朽爲桓司馬言之也南宮敬叔反必載寶而朝夫子曰若是其貨也喪不如速貧之愈也喪之欲速貧爲敬叔言之也曾子以子游之言告於有子有子曰然吾固曰非夫子之言也曾子曰子何以知之有子曰夫子制於中都四寸之棺五寸之槨以斯知不欲速朽也昔者夫子失魯司寇將

之荆葢先之以子夏又申之以冉有以斯知不欲速貧也

陳莊子死赴於魯魯人欲勿哭繆公召縣子而問焉縣子曰古之大夫束脩之問不出竟雖欲哭之安得而哭之今之大夫交政於中國雖欲勿哭焉得而弗哭且臣聞之哭有二道有愛而哭之有畏而哭之公曰然然則如之何而可縣子曰請哭諸異姓之廟於是與哭諸縣氏

仲憲言於曾子曰夏后氏用明器示民無知也殷人用祭器示民有知也周人兼用之示民疑也曾子曰其不然乎其不然乎夫明器鬼器也祭器人器也夫古之人胡爲而死其親乎

公叔木有同母異父之昆弟死問於子游子游曰其大功乎狄儀有同母異父之昆弟死問於子夏子夏曰我未之前聞也魯人則爲之齊衰狄儀行齊衰今之齊衰狄儀之問也

不曰自狄儀始者以魯人前已為之兵銖兩輕重之分

易謂斲削外內也

士喪禮小斂之奠設於尸東以萬物生於東未忍死其親也

滅子蒲名或云滅絕之義

沽方氏謂即沽酒之沽以非自致故

子思之母死於衛柳若謂子思曰子聖人之後也四方於子乎觀禮子蓋慎諸子思曰吾何慎哉吾聞之有其禮無其財君子弗行也有其禮有其財無其時君子弗行也吾何慎哉

縣子瑣曰吾聞之古者不降上下各以其親滕伯文爲孟虎齊衰其叔父也爲孟皮齊衰其叔父也

后木曰喪吾聞諸縣子曰夫喪不可不深長思也買棺外內易我死則亦然

曾子曰尸未設飾故帷堂小斂而徹帷仲梁子曰夫婦方亂故帷堂小斂而徹帷

小斂之奠子游曰於東方曾子曰於西方斂斯席矣小斂之奠在西方魯禮之末失也

縣子曰綌衰繐裳非古也

子蒲卒哭者呼滅子臯曰若是野哉哭者改之

杜橋之母之喪宮中無相以爲沽也

封者復土以閉瘞之名不必音窆後倣此

以其不稱先王而專輒許諾如禮出於己也撥餘極冷晉人世說類此

妙在既曰而又字

司徒家臣旅下士賻布有餘使下士歸還於四方

為小君齊衰不杖期然恩義則淺

夫子曰始死羔裘玄冠者易之而已羔裘玄冠夫子不以弔

子游問喪具夫子曰稱家之有亡子游曰有亡惡乎齊夫子曰有毋過禮苟亡矣斂手足形還葬縣棺而封人豈有非之者哉

司士賁告於子游曰請襲於牀子游曰諾縣子聞之曰汰哉叔氏專以禮許人

宋襄公葬其夫人醯醢百甕曾子曰既曰明器

矣而又實之

孟獻子之喪司徒旅歸四布夫子曰可也讀賵曾子曰非古也是再告也

成子高寢疾慶遺入請曰子之病革矣如至乎大病則如之何子高曰吾聞之也生有益於人死不害於人吾縱生無益於人吾可以死害於人乎哉我死則擇不食之地而葬我焉

子夏問諸夫子曰居君之母與妻之喪居處言

衎爾和適之貌

周官冢人用爵等為封土之度與其樹所以遺後世子孫之識非以為觀美也國子高非之亦異於禮矣

斬板用繩約板納土板中土與板平斬所約板繩更置其上如此者三而讀之封築已成見夫子之志唯從簡約也

生時屋有重霤以行水死時柳車象之

語飲食衎爾。

賓客至無所館。夫子曰生於我乎館。死於我乎殯。

國子高曰。葬也者藏也。藏也者欲人之弗得見也。是故衣足以飾身。棺周於衣。椁周於棺。土周於椁。反壤樹之哉。

孔子之喪。有自燕來觀者。舍於子夏氏。子夏曰。聖人之葬人與。人之葬聖人也。子何觀焉。昔者夫子言之曰。吾見封之若堂者矣。見若坊者矣。見若覆夏屋者矣。見若斧者矣。從若斧者焉。馬鬣封之謂也。今一日而三斬板而已封。尚行夫子之志乎哉。

婦人不葛帶。

有薦新如朔奠。

既葬各以其服除。

池視重霤。

椑襯也歲一漆示未成

剝猶倮也喪祭必巾覆之不倮露者謂祭肉易受塵垢脯醢則否

君即位而爲椑歲一漆之藏焉

復楔齒綴足飯設飾帷堂並作父兄命赴者

君復於小寢大寢小祖大祖庫門四郊

喪不剝奠也與祭肉也與

既殯旬而布材與明器

朝奠日出夕奠逮日

父母之喪哭無時使必知其反也

練練衣黃裏縓緣葛要絰繩屨無絇角瑱鹿裘

衡長袪袪裼之可也

有殯聞遠兄弟之喪雖緦必往非兄弟雖鄰不往所識其兄弟不同居者皆弔

天子之棺四重水兕革棺被之其厚三寸杝棺一梓棺二四者皆周

棺束縮二衡三衽每束一柏椁以端長六尺

天子之哭諸侯也爵弁絰紂衣或曰使有司哭之爲之不以樂食

者棺不用釘唯皮束衽漢時呼小要如今之銀子以連合棺與之際

菆叢也用木叢棺而四面塗之龍輴畫龍於輴車之轅也以椁題湊叢木而象椁之形也斧謂繡覆棺之衣為斧文斧覆畢又四注為屋覆上而下四面盡塗之

左傳所錄有屏余一人語今記脩之如此

厭喪冠也舉〻樂

哭非其地謂之野

稅人謂以物遺人

士卑最後入君之喪諸臣畢入乃俱踊也

帟小幕以承塵者

天子之殯也菆（才官）塗龍輴（春）以椁加斧于椁上畢塗屋天子之禮也

唯天子之喪有別（彼列反分別同異姓）姓而哭

魯哀公誄孔丘曰天不遺耆老莫相予位焉嗚呼哀哉尼父

國亡大縣邑公卿大夫士皆厭（于葉）冠哭於大（太）廟三日君不舉或曰君舉而哭於后土

孔子惡野哭者

未仕者不敢稅人如稅人則以父兄之命

士備入而後朝夕踊祥而縞是月禫徙月樂

君於士有賜帟（亦）

達謂得自通於君者

君於大夫將葬而弔既出命引其柩使行如是者三而君退或弔於朝廟之時及次舍皆然

朝柩朝廟也

斯道之微唯君子為能表之亦是倒句不倒不頓挫

哀樂不同日婦人無外事

車索曰引柩索曰紼

檀弓

下篇

君之適長殤車三乘公之庶長殤車一乘大夫之適長殤車一乘

公之喪諸達官之長杖

君於大夫將葬弔於宮及出命引之三步則止如是者三君退朝亦如之哀次亦如之

五十無車者不越疆而弔人

季武子寢疾蟜固不說齊衰而入見曰斯道也將亡矣士唯公門說齊衰武子曰不亦善乎君子表微及其喪也曾點倚其門而歌

大夫弔當事而至則辭焉

弔於人是日不樂婦人不越疆而弔人行弔之日不飲酒食肉焉

弔於葬者必執引若從柩及壙皆執紼

喪公弔之必有拜者雖朋友州里舍人可也弔

避適

吉尚左凶尚右主居右故擯由左
穀即告以喪告也二或曰傳疑也

曰寡君承事主人曰臨
君遇柩於路必使人弔之
大夫之喪庶子不受弔
妻之昆弟爲父後者死哭之適室子爲主袒免
哭踊夫入門右使人立於門外告來者狎則入
哭父在哭於妻之室非爲父後者哭諸異室
有殯聞遠兄弟之喪哭于側室無側室哭于門
內之右同國則往哭之

子張死曾子有母之喪齊衰而往哭之或曰齊
衰不以弔曾子曰我弔也與哉
有若之喪悼公弔焉子游擯由左
齊穀王姬之喪魯莊公爲之大功或曰由魯嫁
故爲之服姊妹之服或曰外祖母也故爲之服
晉獻公之喪秦穆公使人弔公子重耳且曰寡
人聞之亡國恒於斯得國恒於斯雖吾子儼然
在憂服之中喪亦不可久也時亦不可失也孺

說如字

子其圖之以告舅犯舅犯曰孺子其辭焉喪人無寶仁親以爲寶父死之謂何又因以爲利而天下其孰能說之孺子其辭焉公子重耳對客曰君惠弔亡臣重耳身喪父死不得與於哭泣之哀以爲君憂父死之謂何或敢有他志以辱君義稽顙而不拜哭而起起而不私子顯以致命於穆公穆公曰仁夫公子重耳夫稽顙而不拜則未爲後也故不成拜哭而起則愛父也起而不私則遠利也

帷殯非古也自敬姜之哭穆伯始也

節哀者念父母生已不敢以死傷生

喪禮哀戚之至也節哀順變也君子念始之者也

復盡愛之道也有禱祠之心焉望反諸幽求諸鬼神之道也北面求諸幽之義也

隱痛也

拜稽顙哀戚之至隱也稽顙隱之甚也

飯用米貝弗忍虛也不以食道用美焉耳

重亦木爲之始死作重以依神殷既作主猶懸於廟不忍弃也周既作主即徹重而埋於門外之道左不敢瀆也

銘明旌也以死者爲不可別已故以其旗識之愛之斯錄之矣敬之斯盡其道焉耳重主道也殷主綴重焉周主重徹焉奠以素器以生者有哀素之心也

唯祭祀之禮主人自盡焉爾豈知神之所饗亦以主人有齊敬之心也

撫心爲辟跳足爲踊男踊女辟

辟踊哀之至也有筭爲之節文也袒括髮變也慍哀之變也去飾去美也袒括髮去飾之甚也

有所袒有所襲哀之節也

殷冠麻絰居喪之禮至葬則以弁易假冠以葛易麻絰喪事遠以神明待之也周之弁猶殷之冔皆象祭冠以易喪冠

弁絰葛而葬與神交之道也有敬心焉周人弁而葬殷人冔而葬

歠主人主婦室老爲其病也君命食之也

反哭升堂反諸其所作也主婦入于室反諸其所養也反哭之弔也哀之至也反而亡焉失之矣於是爲甚殷既封而弔周反哭而弔孔子曰殷已慤吾從周

上之訓往下之語助文章假借相形之妙

贈以幣送死者壙也宿猶戒也舍釋也

期而後神之人情也變〻禮也謂士禮速葬也速虞之後卒哭之前其日尚賒不可無祭以接之之往也

善殷謂不欲遽死其親

朝謂將葬以柩朝廟

葬於北方北首三代之達禮也之幽之故也

旣封主人贈而祝宿虞尸旣反哭主人與有司視虞牲有司以几筵舍奠於墓左反日中而虞

葬日虞弗忍一日離也是日也以虞易奠

卒哭曰成事是日也以吉祭易喪祭明日祔于祖父其變而之吉祭也比至於祔必於是日也接不忍一日末有所歸也殷練而祔周卒哭而祔孔子善殷

檀弓

君臨臣喪以巫祝桃茢執戈惡之也所以異於生也喪有死之道焉先王之所難言也

喪之朝也順死者之孝心也其哀離其室也故至於祖考之廟而后行殷朝而殯於祖周朝而遂葬

孔子謂爲明器者知喪道矣備物而不可用也哀哉死者而用生者之器也不殆於用殉乎哉其曰明器神明之也塗車芻靈自古有之明器

之道也孔子謂爲芻靈者善謂爲俑者不仁不殆於用人乎哉

穆公問於子思曰爲舊君反服古與子思曰古之君子進人以禮退人以禮故有舊君反服之禮也今之君子進人若將加諸膝退人若將隊諸淵毋爲戎首不亦善乎又何反服之禮之有

悼公之喪季昭子問於孟敬子曰爲君何食敬子曰食粥天下之達禮也吾三臣者之不能居

公室也四方莫不聞矣勉而爲瘠則吾能毋乃使人疑夫不以情居瘠者乎哉我則食食

衞司徒敬子死子夏弔焉主人未小斂絰而往子游弔焉主人既小斂子游出絰反哭子夏曰聞之也與曰聞諸夫子主人未改服則不絰

曾子曰晏子可謂知禮也已恭敬之有焉有若曰晏子一狐裘三十年遣車一乘及墓而反國君七个遣車七乘大夫五个遣車五乘晏子焉

長句法

四字句三助語

一裘卅年儉於已也大夫遣車五乘遣車一乘儉於親矣个謂

所包遣奠牲體之數七个五个謂以牲體析為五七而不載之

沾爾沾〻然之意毋曰我喪也而率爾自專之也

知禮曾子曰國無道君子恥盈禮焉國奢則示之以儉國儉則示之以禮

國昭子之母死問於子張曰葬及墓男子婦人安位子張曰司徒敬子之喪夫子相男子西鄉婦人東鄉曰噫毋曰我喪也斯沾爾專之賓爲賓焉主爲主焉婦人從男子皆西鄉

穆伯之喪敬姜晝哭文伯之喪晝夜哭孔子曰知禮矣

文伯之喪敬姜據其牀而不哭曰昔者吾有斯子也吾以將爲賢人也吾未嘗以就公室今及其死也朋友諸臣未有出涕者而內人皆行哭失聲斯子也必多曠於禮矣夫

季康子之母死陳褻衣敬姜曰婦人不飾不敢見舅姑將有四方之賓來褻衣何爲陳於斯命徹之

有子與子游立見孺子慕者有子謂子游曰予

壹猶獨也

佶得蕲絶

吳侵陳以魯哀元年秋

鄱陽洪氏曰嚭乃夫差之宰陳遣使者正用行人則儀乃陳臣也記禮者簡策差互更錯其名

壹不知夫喪之踊也予欲去之久矣情在於斯其是也夫子游曰禮有微情者有以故興物者有直情而徑行者戎狄之道也禮道則不然人喜則斯陶陶斯咏咏斯猶猶斯舞舞斯慍慍斯戚戚斯歎歎斯辟辟斯踊矣品節斯斯之謂禮人死斯惡之矣無能也斯倍之矣是故制絞衾設蔞翣爲使人勿惡也始死脯醢之奠將行遣而行之既葬而食之未有見其饗之者也自上

世以來未之有舍也爲使人勿倍也故子之所刺於禮者亦非禮之訾也

吳侵陳斬祀殺厲師還出竟陳大宰嚭使於師夫差謂行人儀曰是夫也多言盍嘗問焉師必有名人之稱斯師也者則謂之何太宰嚭曰古之侵伐者不斬祀不殺厲不獲二毛今斯師也殺厲與其不謂之殺厲之師與曰反爾地歸爾子則謂之何曰君王討敝邑之罪又矜而赦之

檀弓之載事言簡而不疏旨深而不晦雖左氏之富豔敢奮飛於前乎如此章左云辰在子卯謂之疾日君徹宴樂學人舍業爲疾故也君之卿佐是謂股肱股肱或虧何痛如之此十七字

師與有無名乎

顏丁善居喪始死皇皇焉如有求而弗得及殯望望焉如有從而弗及既葬慨焉如不及其反而息

子張問曰書云高宗三年不言言乃讙有諸仲尼曰胡爲其不然也古者天子崩王世子聽於冢宰三年

知悼子卒未葬平公飲酒師曠李調侍鼓鐘杜蕢自外來聞鐘聲曰安在曰在寢杜蕢入寢歷階而升酌曰曠飲斯又酌曰調飲斯又酌堂上北面坐飲之降趨而出平公呼而進之曰蕢曩者爾心或開予是以不與爾言爾飲曠何也曰子卯不樂知悼子在堂斯其爲子卯也大矣曠也太師也不以詔是以飲之也爾飲調何也曰調也君之褻臣也爲一飲一食忘君之疾是以飲之也爾飲何也曰蕢也宰夫也非刀匕是共

而蓋

沐浴佩玉凡四用而不厭其複史記多此等文法

西門豹止嫁河伯事略類此能以人之痛癢切身則害人之事

又敢與知防是以飲之也平公曰寡人亦有過焉酌而飲寡人杜蕢洗而揚觶公謂侍者曰如我死則必毋廢斯爵也至于今既畢獻斯揚觶謂之杜舉

公叔文子卒其子戍請謚於君曰日月有時將葬矣請所以易其名者君曰昔者衞國凶饑夫子爲粥與國之餓者是不亦惠乎昔者衞國有難夫子以其死衞寡人不亦貞乎夫子聽衞國之政脩其班制以與四鄰交衞國之社稷不辱不亦文乎故謂夫子貞惠文子

石駘仲卒無適子有庶子六人卜所以爲後者曰沐浴佩玉則兆五人者皆沐浴佩玉石祁子曰孰有執親之喪而沐浴佩玉者乎不沐浴佩玉石祁子兆衞人以龜爲有知也

陳子車死於衞其妻與其家大夫謀以殉葬定而后陳子亢至以告曰夫子疾莫養於下請以

息矣

以其所以養養之至以其所以葬葬之至

魯襄十四年獻公奔齊二十六年歸

尊巳乾昔子名

殉葬子亢曰以殉葬非禮也雖然則彼疾當養者孰若妻與宰得巳則吾欲巳不得巳則吾欲以二子者之爲之也於是弗果用

子路曰傷哉貧也生無以爲養死無以爲禮也孔子曰啜菽飲水盡其歡斯之謂孝斂手足形還葬而無椁稱其財斯之謂禮

衛獻公出奔反於衛及郊將班邑於從者而后入柳莊曰如皆守社稷則孰執羈靮而從如皆從則孰守社稷君反其國而有私也毋乃不可乎弗果班

衛有大史曰柳莊寢疾公曰若疾革雖當祭必告公再拜稽首請於尸曰有臣柳莊也者非寡人之臣社稷之臣也聞之死請往不釋服而往遂以襚之與之邑裘氏與縣潘氏書而納諸棺曰世世萬子孫毋變也

陳乾昔寢疾屬其兄弟而命其子尊巳曰如我

公輸氏若其名方小年幼也豐碑天子之制桓楹諸侯之制皆所以著鹿盧繫紼以下棺者吳澄曰嘗猶試也得字絕句

魯哀公十一年戰郎齊伐魯也

行故曰贈居故曰處

死則必大爲我棺使吾二婢子夾我陳乾昔死其子曰以殉葬非禮也況又同棺乎弗果殺

仲遂卒于垂壬午猶繹萬入去籥仲尼曰非禮也卿卒不繹

季康子之母死公輸若方小斂般請以機封將從之公肩假曰不可夫魯有初公室視豐碑三家視桓楹般爾以人之母嘗巧則豈不得以其母以嘗巧者乎則病者乎噫弗果從

戰于郎公叔禺人遇負杖入保者息曰使之雖病也任之雖重也君子不能爲謀也士弗能死也不可我則既言矣與其鄰重汪踦往皆死焉魯人欲勿殤重汪踦問於仲尼仲尼曰能執干戈以衛社稷雖欲勿殤也不亦可乎

子路去魯謂顏淵曰何以贈我曰吾聞之也去國則哭于墓而后行反其國不哭展墓而入謂子路曰何以處我子路曰吾聞之也過墓則式

手弓猶公羊傳
手劍韔弓衣也
事在魯昭十二
年

魯成十三年曹宣公
卒于師拒辭之誤也
襲賤者之事於時晉
厲主兵使諸侯襲蓋
出於霸令
魯襄二十八年朝楚

荊以人臣之事待魯
魯亦以人君之事臨
荊秦王屈趙王以鼓
瑟而有擊缶之辱類
也
惠伯敬叔從叔懿伯
惠伯之叔忌怨也
一曰先言及郊而後
言忌或是忌日

辟讀為闢闢除
道路以晝宮室
也
魯襄二十三年
齊侯襲莒杞殖
華還載甲夜入
且于之隧隧狹
路也鄭云或為

過祀則下

工尹商陽與陳弃疾追吳師及之陳弃疾謂工尹商陽曰王事也子手弓而可手弓子射諸射之斃一人韔弓又及謂之又斃二人每斃一人揜其目止其御曰朝不坐燕不與殺三人亦足以反命矣孔子曰殺人之中又有禮焉

諸侯伐秦曹桓公卒于會諸侯請含使之襲

襄公朝于荊康王卒荊人曰必請襲魯人曰非禮也荊人強之巫先拂柩荊人悔之

滕成公之喪使子叔敬叔弔進書子服惠伯為介及郊為懿伯之忌不入惠伯曰政也不可以叔父之私不將公事遂入

哀公使人弔蕢尚遇諸道辟於路畫宮而受弔焉曾子曰蕢尚不如杞梁之妻之知禮也齊莊公襲莒于奪杞梁死焉其妻迎其柩於路而哭之哀莊公使人弔之對曰君之臣不免於罪則

免故讀奪爲免

爲輴之重也故為榆沈以滑之欲沈之撒也故設撥以裝之無輴則無用沈無沈則無用撥椁即前加斧于椁沈即瀋蓋榆汁也

將肆諸市朝而妻妾執君之臣免於罪則有先人之敝廬在君無所辱命

孺子鞼之喪哀公欲設撥問於有若有若曰其可也君之三臣猶設之顏柳曰天子龍輴而椁幬諸侯輴而設幬爲榆沈故設撥三臣者廢輴而設撥竊禮之不中者也而君何學焉

悼公之母死哀公爲之齊衰有若曰爲妾齊衰禮與公曰吾得已乎哉魯人以妻我

玉府之職曰掌王之獻玉是王有獻賢之禮

季子皋葬其妻犯人之禾申詳以告曰請庚之子皋曰孟氏不以是罪予朋友不以是棄予以吾爲邑長於斯也買道而葬後難繼也

仕而未有祿者君有饋焉曰獻使焉曰寡君違而君薨弗爲服也

虞而立尸有几筵卒哭而諱生事畢而鬼事始已既卒哭宰夫執木鐸以命于宮曰舍故而諱新自寢門至于庫門

魯成公二年新宮火宣公之廟也

文如綴旒

石本舊監本蜀大字本越本注跡皆作子貢以家語證之子貢是也

揚雄之論酷吏曰虎哉虎哉角而翼者也

周豐下又著也者二字豈不詫異

二名不偏諱夫子之母名徵在言在不稱徵言徵不稱在

軍有憂則素服哭于庫門之外赴車不載橐韔

有焚其先人之室則三日哭故曰新宮火亦三日哭

孔子過泰山側有婦人哭於墓者而哀夫子式而聽之使子路問之曰子之哭也壹似重有憂者而曰然昔者吾舅死於虎吾夫又死焉今吾子又死焉夫子曰何為不去也曰無苛政夫子曰小子識之苛政猛於虎也

魯人有周豐也者哀公執摯請見之而曰不可公曰我其已夫使人問焉曰有虞氏未施信於民而民信之夏后氏未施敬於民而民敬之何施而得斯於民也對曰墟墓之間未施哀於民而民哀社稷宗廟之中未施敬於民而民敬殷人作誓而民始畔周人作會而民始疑苟無禮

義忠信誠慤之心以涖之雖固結之民其不解乎

喪不慮居毀不危身喪不慮居爲無廟也毀不危身爲無後也

延陵季子適齊於其反也其長子死葬於嬴博之間孔子曰延陵季子吳之習於禮者也往而觀其葬焉其坎深不至於泉其斂以時服既葬而封廣輪揜坎其高可隱也既封左袒右還其封且號者三曰骨肉歸復于土命也若魂氣則無不之也無不之也而遂行孔子曰延陵季子之於禮也其合矣乎

邾婁考公之喪徐君使容居來弔含曰寡君使容居坐含進侯玉其使容居以含有司曰諸侯之來辱敝邑者易則易于則于易于雜者未之有也容居對曰容居聞之事君不敢忘其君亦不敢遺其祖昔我先君駒王西討濟於河無所

還與環同

右還其封且號者三八字爲句三謂其還非謂其號也荆國王氏以爲衰不足誤讀爲兩句耳

含不使賤者居行則親含大夫但致命以含玉授主人徐君借王其臣容居欲親含故有司拒之于猶迂也有廣大之意人臣來其事簡易則行簡易之禮人君來其事廣大則行廣大

直云喪不慮居爲無廟也豈不簡省必提起二句然後解其義不唯明上二句爲古語且有層疊有照應

之禮今臣而行君
禮則易于雜矣曾
鈍也
子思之母嫁母也
庶氏所嫁之家

不用斯言也容居魯人也不敢忘其祖
子思之母死於衛赴於子思子思哭於廟門人
至曰庶氏之母死何爲哭於孔氏之廟乎子思
曰吾過矣吾過矣遂哭於他室
天子崩三日祝先服五日官長服七日國中男
女服三月天下服虞人致百祀之木可以爲棺
椁者斬之不至者廢其祀刎其人
齊大饑黔敖爲食於路以待餓者而食之有餓

者蒙袂輯屨貿貿然來黔敖左奉食右執飲曰
嗟來食揚其目而視之曰予唯不食嗟來之食
以至於斯也從而謝焉終不食而死曾子聞之
曰微與其嗟也可去其謝也可食
邾婁定公之時有弑其父者有司以告公瞿然
失席曰是寡人之罪也曰寡人嘗學斷斯獄矣
臣弑君凡在官者殺無赦子弑父凡在官者殺
無赦殺其人壞其室洿其宮而豬焉蓋君踰月

文子趙武也謂晉君賀其成室為獻恐非或趙武謚獻文耳蘇謂以禮落成從之深為輪橫之深為廣奐煥通

因美而譏為善頌聞過而拜為善禱

此狀也非參乎賜也之狀也朱子語録云入到人家馬房做了模樣進去出來又做甚嘴臉

而后舉爵。

晉獻文子成室晉大夫發焉張老曰美哉輪焉美哉奐焉歌於斯哭於斯聚國族於斯文子曰武也得歌於斯哭於斯聚國族於斯是全要領以從先大夫於九京也北面再拜稽首君子謂之善頌善禱

仲尼之畜狗死使子貢埋之曰吾聞之也敝帷不弃為埋馬也敝蓋不弃為埋狗也丘也貧無

蓋於其封也亦予之席毋使其首陷焉路馬死埋之以帷

季孫之母死哀公弔焉曾子與子貢弔焉閽人為君在弗內也曾子與子貢入於其廄而脩容焉子貢先入閽人曰鄉者已告矣曾子後入閽人辟之涉內霤卿大夫皆辟位公降一等而揖之君子言之曰盡飾之道斯其行者遠矣

陽門之介夫死司城子罕入而哭之哀晉人之

微無也不唯晉而已雖天下亦不能當也漢書微將軍誰不欲者句法同

而過之接得妙無不之也而遂行請見之而曰不可壹似重有憂者而曰然而字本是虛字却作過接有力形神俱妙无鏬亦道也

予觀檀弓之文載晉事尤妙如申生知悼子卒秦穆公弔重耳獻文子成室及此節皆妙絕今古超文人蹊徑之外宋人謂春秋戰國之世楚多文

覘宋者反報於晉侯曰陽門之介夫死而子罕哭之哀而民說殆不可伐也孔子聞之曰善哉覘國乎詩云凡民有喪扶服救之雖微晉而已天下其孰能當之

魯莊公之喪既葬而絰不入庫門士大夫既卒哭麻不入

孔子之故人曰原壤其母死夫子助之沐槨原壤登木曰久矣予之不託於音也歌曰貍首之斑然執女手之卷然夫子爲弗聞也者而過之從者曰子未可以已乎夫子曰丘聞之親者毋失其爲親也故者毋失其爲故也

趙文子與叔譽觀乎九原文子曰死者如可作也吾誰與歸叔譽曰其陽處父乎文子曰行并植於晉國不沒其身其知不足稱也其舅犯乎文子曰見利不顧其君其仁不足稱也我則隨武子乎利其君不忘其身謀其身不遺其友晉

人如倚相觀射父屈原之流然豈知晉之文人乎楚之文深雄奔放有霸國之氣晉文曲中肆隱乃有先王之風矣文子知人正是見其所取於前知其所擧於後一句結上生下非此成折腰矣

此興似大東之詩又似龍尾羊裘隱語庾辭言蟹自有匡非爲

蠶則績蟬自有緌非爲范則冠成人自畏子皐爲之衰非爲兄則死也三則字有精神舊解蟹匡背殼范蜂也

三句中連用五吾字纍纍如貫珠

鄭注然猶焉也陸注問所以然

人謂文子知人文子其中退然如不勝衣其言吶吶然如不出諸其口所擧於晉國管庫之士七十有餘家生不交利死不屬其子焉

叔仲皮學子柳叔仲皮死其妻魯人也衣衰而繆絰叔仲衍以告請繐衰而環絰曰昔者吾喪姑姊妹亦如斯末吾禁也退使其妻繐衰而環絰

成人有其兄死而不爲衰者聞子皐將爲成宰

遂爲衰成人曰蠶則績而蟹有匡范則冠而蟬有緌兄則死而子皐爲之衰

樂正子春之母死五日而不食曰吾悔之自吾母而不得吾情吾惡乎用吾情

歲旱穆公召縣子而問然曰天久不雨吾欲暴尫而奚若曰天則不雨而暴人之疾子虐毋乃不可與然則吾欲暴巫而奚若曰天則不雨而望之愚婦人於以求之毋乃已疏乎徙市則奚

穀則異室死則同穴故善魯

若曰天子崩巷市七日諸侯薨巷市三日為之徙市不亦可乎

章法

孔子曰衛人之祔也離之魯人之祔也合之善夫

句法

句法

萬曆丙辰秋吳興後學閔齊伋遇五父識